Oliver Wunder

Vietnams politische Situation zwischen Erneuerung und Repressionen

GRIN Verlag

Bibliografische Information der Deutschen Nationalbibliothek:

Die Deutsche Bibliothek verzeichnet diese Publikation in der Deutschen National-
bibliografie; detaillierte bibliografische Daten sind im Internet über http://dnb.d-
nb.de/ abrufbar.

Impressum:

Copyright © 2010 GRIN Verlag GmbH
Druck und Bindung: Books on Demand GmbH, Norderstedt Germany
ISBN: 978-3-640-96958-6

Dieses Buch bei GRIN:

http://www.grin.com/de/e-book/175777/vietnams-politische-situation-zwischen-
erneuerung-und-repressionen

GRIN - Your knowledge has value

Der GRIN Verlag publiziert seit 1998 wissenschaftliche Arbeiten von Studenten, Hochschullehrern und anderen Akademikern als eBook und gedrucktes Buch. Die Verlagswebsite www.grin.com ist die ideale Plattform zur Veröffentlichung von Hausarbeiten, Abschlussarbeiten, wissenschaftlichen Aufsätzen, Dissertationen und Fachbüchern.

Besuchen Sie uns im Internet:

http://www.grin.com/

http://www.facebook.com/grincom

http://www.twitter.com/grin_com

Universität Greifswald   Wintersemester 2009/2010

Mathematisch-Naturwissenschaftliche Fakultät
Institut für Geographie und Geologie

Vietnams

politische Situation

zwischen Erneuerung und Repressionen

Von: Oliver Wunder, 7. Semester, Diplom
                                Geographie

Studienarbeit: Vietnam-Exkursion

Datum: 02.01.2010

Inhaltsverzeichnis

1 Einleitung

Knapp ein Jahr nach Ende des Vietnamkriegs wurden am 2. Juli 1976 Nord- und Südvietnam wiedervereinigt. Seitdem heißt das vereinte Land Sozialistische Republik Vietnam (vgl. UNIVERSITÄT BERN 2005).[1] Vietnam ist ein sozialistischer Staat, mit einer Einparteienregierung aus Mitgliedern der Kommunistischen Partei Vietnams (KPV). Offizielle Ideologie der Partei und des Staates ist der Marxismus-Leninismus. Vietnam gehört neben Kuba, Laos, Nordkorea und der Volksrepublik China zu den letzten fünf kommunistisch oder sozialistisch regierten Staaten der Erde (vgl. DEUTSCHLANDRADIO 2009).

Doch heutzutage hat der Sozialismus in Vietnam ein neues Gesicht bekommen. Durch wirtschaftliche Reformen, die auf dem sechsten Parteitag der KPV 1986 unter dem Namen *Doi Moi* (Erneuerung) eingeleitet wurden, wuchs die Wirtschaft kräftig und es entstanden wohlhabendere Schichten. So sind die „(...) Insignien des Sozialismus längst durch andere Fetische ersetzt [worden]. Die neuen Reliquien der – ebenfalls neuen - Mittelschicht heißen Honda, Nike und Nokia. Für die Neureichen gibt es Cartier, Armani und Mercedes" (GAMINO 2008, S. 3).

Trotz der *Doi Moi* Reformen herrscht in Vietnam immer noch das Konzept der politischen Steuerung, auch wenn das Land seit *Doi Moi* mit wirtschaftlichen Reformen von der Plan- zur boomenden Marktwirtschaft gewechselt hat.

Im Folgenden wird ein Überblick über die politischen Institutionen des Staates (Legislative, Exekutive und Judikative), Presse, Kommunistische Partei Vietnams, Opposition und Außenpolitik Vietnams gegeben. Zusätzlich wird der Frage nachgegangen, ob *Doi Moi* nur wirtschaftliche Reformen einleitete oder ob es auch politische Reformen gab. Im Besonderen wird dabei auch auf Probleme mit Menschenrechten und demokratische Defizite eingegangen.

---

1 Im Folgenden wird in diesem Text bei den vietnamesischen Begriffen und Eigennamen auf die Wiedergabe der diakritischen Zeichen verzichtet.

2 Politische Institutionen

Übliche Institutionen in einem demokratischen Staat sind die drei Gewalten Legislative, Exekutive und Judikative. Zwischen ihnen herrscht eine klare Trennung, die Gewaltenteilung. „[Gewaltenteilung ist das] Grundprinzip politisch-demokratischer Herrschaft und der Organisation staatlicher Gewalt mit dem Ziel, die Konzentration und den Missbrauch politischer Macht zu verhindern, die Ausübung politischer Herrschaft zu begrenzen und zu mäßigen und damit die bürgerlichen Freiheiten zu sichern" (BUNDESZENTRALE FÜR POLITISCHE BILDUNG 2006a). Vielfach wird die Pressefreiheit - ein wichtiger Bestandteil der Meinungsfreiheit – als vierte Gewalt bezeichnet. An ihr kann sich der Entwicklungsstand der Demokratie und der Menschenrechte in einem Land betrachten lassen (vgl. BUNDESZENTRALE FÜR POLITISCHE BILDUNG 2006b). In Vietnam gibt es weder eine funktionierende Gewaltenteilung noch Pressefreiheit.

Ebenso sind Parteien ein tragendes Element in einem demokratischen Staat, auch wenn diese nicht per Definition zu den staatlichen Gewalten gehören. Parteien stellen Regierungsvertreter oder die Opposition und sind wichtige Teilnehmer im alltäglichen politischen Diskurs.

2.1 Legislative

Unter Legislative wird die gesetzgebende Gewalt im Staate verstanden. Die vietnamesische Legislative ist auf höchster Ebene durch ein Einkammernparlament gekennzeichnet (vgl. AUSWÄRTIGES AMT 2009a; siehe auch Abb. 1). Der Nationalversammlung unterliegt als einzigem Organ der Legislative die Kontrolle über die staatlichen Aktivitäten. Sie tritt nur zweimal im Jahr zusammen. Die Abgeordneten des Parlaments werden alle fünf Jahre gewählt, zuletzt geschah das im Mai 2007. Wahlberechtigt sind alle Vietnamesen ab 18 Jahren (vgl. BUNDESZENTRALE FÜR POLITISCHE BILDUNG 2008a). Nguyen Phu Trong ist Vorsitzender der Nationalversammlung (vgl. WILL 2008, S. 6).

493 Abgeordnete sitzen aktuell in der Nationalversammlung. Nur neun Prozent der Abgeordneten sind keine Mitglieder der KPV. 26 Prozent der Abgeordneten sind weiblich, 17 Prozent gehören ethnische Minderheiten an, fünf Prozent sind Unternehmer und drei Prozent sind Religionsvertreter (vgl. AUSWÄRTIGES AMT 2009c). Diese Zahlen beruhen aber auf festgeschriebenen Quoten, um die Bevölkerung in der Nationalversammlung besser zu repräsentieren (vgl. FREHNER 2007, S. 2).

1992 wurden erstmals unabhängige Kandidaten zur Parlamentswahl zugelassen, allerdings schaffte keiner von ihnen den Einzug ins Parlament (vgl. MSN ENCARTA o.J.). Nach der Wahl 1997 sah es jedoch anders aus, nun waren 14,6 Prozent der Abgeordneten nicht Mitglied der KPV. Bei den letzten Wahlen 2007 waren dagegen nur 9 Prozent Nicht-Parteimitglieder (vgl. WILL 2008, S. 12).

Alle Kandidaten der Legislative müssen von der Vietnamesischen Vaterländischen Front gebilligt werden (vgl MSN ENCARTA o.J.). Die Vietnamesische Vaterländische Front ist die sozialpolitische Dachorganisation der KPV, in ihr sind die meisten nationalen Massenorganisationen, wie die Frauenunion, die Jugendunion, die Gewerkschaftsunion und religiöse Gruppen organisiert (vgl. FREHNER 2007, S. 4).

Die Nationalversammlung folgt generell den Anweisungen der KPV (vgl. FREEDOM HOUSE 2009). In den letzten Jahren hat sich die Nationalversammlung aber schrittweise zu einem Parlament weiterentwickelt, dass die ihm verliehenen Rechte wahrnimmt und eine zunehmende Kontrollfunktion gegenüber der Regierung ausübt (vgl. AUSWÄRTIGES AMT 2009c). Zu den unternommenen Schritten, um das Parlament als Gesetzgebungs- und Kontrollorgan auszubauen, zählt beispielsweise die Einführung eines Misstrauensvotums in der modifizierten Verfassung von 2001 (vgl. UNIVERSITÄT BERN o.J.)[2].

Der institutionelle Handlungsspielraum und die Machtbefugnisse der Nationalversammlung sind dennoch stark eingeschränkt. Nationalversammlung, Regierung und Oberster Gerichtshof sind nur ihren eigenen Selbstregulierungsmechanismen verpflichtet und nicht durch ein System wechselseitiger Kontrollen miteinander verbunden (vgl. WILL 2008, S. 12). Obwohl nur eine Partei in der Nationalversammlung vertreten ist, ist eine wachsende Meinungsvielfalt festzustellen. Die Diskussionen werden zunehmend offener und kontroverser geführt (vgl. FREHNER 2007, S. 2).

Delegierte der Nationalversammlung dürfen nur innerhalb der von der KPV gesetzten Grenzen die Gesetzgebung beeinflussen, Fragen an die Minister stellen und über rechtliche, soziale und ökonomische Themen debattieren (vgl. FREEDOM HOUSE 2009).

Volksräte (*people's councils*) sind Lokalparlamente auf Provinz-, Distrikt- und Gemeindeebene. Die Vertreter in den Volksräten werden direkt gewählt. Die Volksräte wählen die Volkskomitees (Lokalregierungen) für ihre entsprechende Verwaltungsebene (vgl. FREHNER 2004, S. 2). Volksräte spielen keine politische wichtige Rolle, sie „sind (...) [nur] Wahl- und Bestätigungsorgan der Volkskomitees" (FREHNER 2004, S. 2). Das zeigte sich auch bei den Wahlen zu den Volksräten im Jahr 2004. Weder Wahlkampf noch inhaltliche Auseinandersetzungen zwischen verschiedenen Gruppierungen fanden statt. Das liegt

---

2   Art. 84: "The National Assembly has the following duties and powers: (...) 7. (...) to cast a vote of confidence on persons holding positions elected or approved by the National Assembly."

auch daran, dass nur die KPV Kandidaten aufstellen darf (vgl. Frehner 2004, S. 1).

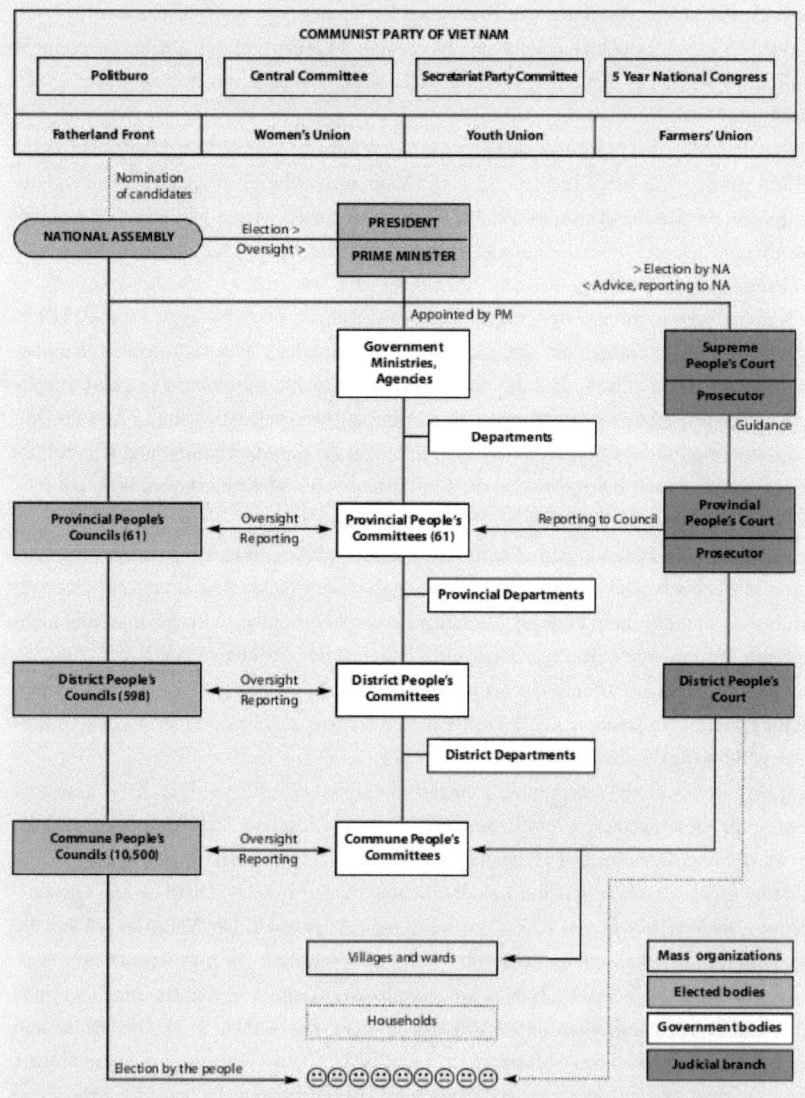

Abb. 1: Machtstrukturen in Vietnam. Quelle: United Nations Development Programme 2003b, S. 32)

2.2 Exekutive

Die Exekutive ist die ausführende Gewalt im Staat. Sie führt die Beschlüsse der Legislati-ve aus. Zur Exekutive zählt die Regierung und die öffentliche Verwaltung, inklusive der Polizei. Staatsoberhaupt ist der alle fünf Jahre durch die Nationalversammlung gewählte Präsi-dent. Seit dem 10. Parteitag der KPV im April 2006 ist Nguyen Minh Triet das Staats-oberhaupt. Der Präsident ist gleichzeitig Oberkommandierender der Streitkräfte (vgl. AUSWÄRTIGES AMT 2009c). Seit Juni 2006 ist Nguyen Tan Dung Regierungschef. Seine Re-gierung besteht aus fünf stellvertretenden Premierministern und 22 Ressortministern (vgl. AUSWÄRTIGES AMT 2009c). Der Premierminister führt die Regierung, sein Kabinett muss von der Nationalversammlung bestätigt werden (vgl. MSN ENCARTA o.J.). Neben dem Ge-neralsekretär der KPV ist der Premierminister der wichtigste Mann im Staat.

Volkskomitees (*people's committees*) sind Lokalregierungen auf Provinz-, Distrikt- und Gemeindeebene. Sie sind dem nächsthöheren Volkskomitee und der Zentralregierung un-terstellt. Gegenüber dem Volksrat auf der gleichen Verwaltungsebene sind sie rechen-schaftspflichtig (vgl. FREHNER 2004, S. 2).

Die Verwaltungsstruktur des Landes ist aufgeteilt in 58 Verwaltungsprovinzen und fünf unabhängige Stadtverwaltungen Hanoi, Da Nang, Ho-Chi-Minh-Stadt, Haiphong und Can Tho (vgl. CENTRAL INTELLIGENCE AGENCY 2009b). Jede Provinz gliedert sich in Provinz-hauptstadt, sowie provinzverwaltete und ländliche Distrikte. Die fünf Stadtverwaltungen werden in Stadtdistrikte und die umliegenden ländlichen Distrikte unterteilt. Auf der Ge-meinde- und Stadtteilebene werden distriktverwaltete Städte, Gemeinden und Stadtteile unterschieden (vgl. FREHNER 2004, S. 2). Es gibt im ganzen Land 598 Distrikte und 10.500 Gemeinden (vgl. UNITED NATIONS DEVELOPMENT PROGRAMME 2003, S. 34).

„Police can hold individuals in administrative detention for up to two years on suspicion of threatening national security" (FREEDOM HOUSE 2009). Die Gefängnisse sind in einem schlechtem Zustand. Misshandlungen durch die Polizei sind keine Seltenheit. Viele Men-schen sind in Haft wegen ihrer politischen oder religiösen Weltanschauung. Allerdings wurden in letzter Zeit weniger Menschen verhaftet und es gab Freilassungen religiöser Gefangener. In Vietnam gibt es die Todesstrafe, sie wird hauptsächlich bei Gewaltverbre-chen ausgesprochen, wird aber auch bei Wirtschaftsverbrechen und Drogenkriminalität verhängt (vgl. FREEDOM HOUSE 2009).

2.3 Judikative

Die Judikative ist die Recht sprechende Gewalt, darunter werden Richter und Gerichte verstanden. In Vietnam besteht das Gerichtssystem aus dem Obersten Volksgericht (*People's Supreme Court*) und örtlichen Gerichten (*Local People's Court*), die sich wiederum in Provinzvolksgerichte (*Provincial People's Court*) und Distriktvolksgerichte (*District People's Court*) gliedern (vgl. GERMANY TRADE AND INVEST 2009). Die Richter an den Volksgerichten werden in die Ämter gewählt. Bei Gesetzesübertretungen können Kontrollorgane Verfahren gegen Staatsorgane oder Bürger einleiten (vgl. MSN ENCARTA o.J.). Dennoch ist die Judikative nicht unabhängig. „Vietnam's judiciary is subservient to the CPV [KPV], which controls courts at all levels" (FREEDOM HOUSE 2009). Angeklagten ist es per Verfassung erlaubt, einen Anwalt zu nehmen. Allerdings sind Anwälte knapp. Viele Anwälte nehmen Fälle, die Menschenrechte oder andere Reizthemen betreffen, aus Angst vor Repressionen seitens des Staates nur widerwillig an.[3] Während der Gerichtsverfahren dürfen Verteidiger weder Zeugen einberufen, noch Zeugen der Gegenseite befragen. Auch wird es ihnen nur selten erlaubt, die Kronzeugenregelung für ihre Klienten zu beantragen (vgl. FREEDOM HOUSE 2009).

Es gibt keine Verwaltungs- oder Verfassungsgerichte. Damit geht auch ein Mangel an gesetzlicher Anwendung in Verfassungsangelegenheiten einher. Zuverlässige und einklagbare Rechte sind eher in einfachen Gesetzen und Verordnungen als in der Verfassung zu finden (vgl. UNIVERSITÄT BERN o.J.).

Die KPV wurde in der modifizierten Verfassung von 2001 beauftragt, bis 2020 einen sozialistischen Rechtsstaat aufzubauen (vgl. FREHNER 2006, S. 2).

2.4 Presse (vierte Gewalt)

Die Presse hat generell einen großen Einfluss auf die öffentliche Meinung und Diskussionen. In westlichen Demokratien werden dazu noch politische Entscheidungen kritisch begleitet oder hinterfragt und Skandale aufgedeckt. Die Presse dient nicht nur der Information, sondern ist gleichzeitig Organ der Meinungsbildung. Sehr wichtig ist aber ihre Kontrollfunktion über die drei Gewalten des Staatssystems.

Es gibt in Artikel 69 der vietnamesischen Verfassung das Recht auf freie Meinung und

---

3 Aktuelles Beispiel aus dem Juli 2009: SR Vietnam - Regierung verstärkt Maßnahmen gegen unliebsame Rechtsanwälte. Unter: http://www.openpr.de/news/322260/SR-Vietnam-Regierung-verstaerkt-Massnahmen-gegen-unliebsame-Rechtsanwaelte.html, eingesehen am 24.12.2009

Pressefreiheit: „The citizen shall enjoy freedom of opinion and speech, freedom of the press, the right to be informed, and the right to assemble, form associations and hold demonstrations in accordance with the provisions of the law" (UNIVERSITÄT BERN 2005). Dennoch ist die Pressefreiheit eingeschränkt (vgl. AUSWÄRTIGES AMT 2009c). Der Staat kontrolliert in Vietnam alle Medien. Es gibt keine unabhängigen Medien, die die Politik kritisch betrachten und als so genannte vierte Gewalt im Staate wirken könnten (vgl. REPORTER OHNE GRENZEN E.V. 2004). Die Printmedien gehören oder stehen unter Kontrolle der KPV, Regierungsbehörden oder der Armee, wenngleich einige Zeitungen versuchen, die Grenzen der zulässigen Berichterstattung zu überschreiten (vgl. FREEDOM HOUSE 2009). Satellitenfernsehen ist offiziell zwar nur höheren Funktionären, internationalen Hotels und ausländischen Unternehmen erlaubt, dennoch besitzen viele Privathaushalte und inländische Unternehmen Satellitenschüsseln (vgl. FREEDOM HOUSE 2009).

Weichen Journalisten vom Kurs der erlaubten Berichterstattung ab, werden sie durch Gerichte oder andere Formen von Schikane zum Schweigen gebracht (vgl. FREEDOM HOUSE 2009). Berichterstatter ausländischer Medien dürfen außerhalb der Hauptstadt Hanoi nur mit Genehmigung der Regierung reisen (vgl. FREEDOM HOUSE 2009). Ein Gesetz von 1999 verpflichtet Journalisten dazu, Schäden an Gruppen oder Einzelpersonen zu zahlen, die durch Presseartikel entstanden sind, selbst wenn diese Berichte auf wahren Begebenheiten basierten (vgl. FREEDOM HOUSE 2009). In der Rangliste der Medienfreiheit der Nichtregierungsorganisation (NGO) Reporter ohne Grenzen rangiert Vietnam ganz unten. Es gehört zu den zehn Ländern mit der geringsten Pressefreiheit. Im Vergleich mit 2005 sackte das Land 2008 um vier Plätze nach unten ab (vgl. REPORTER OHNE GRENZEN E.V. 2005 und 2008).

2008 wurden zwei Journalisten verhaftet, weil sie über einen Korruptionsfall im Transportministerium berichteten (vgl. REPORTERS SANS FRONTIÈRES 2009). Auch zwei, mit den polizeilichen Ermittlungen beauftragte, Kriminalbeamte wurden verhaftet (vgl. WILL 2008, S. 11). Vietnam geht zwar seit Oktober 2006 mit dem „Zentralen Leitungskomitee zur Abwehr und Kontrolle der Korruption" landesweit gegen Korruptionsfälle vor, doch ist dieser Kampf wohl nur diesem Komitee erlaubt (vgl. WILL 2008, S. 8 und S. 11).

„Ministerpräsident Nguyen Tan Dung hatte sich bereits bei seinem Amtsantritt gegen die Etablierung privater Medien ausgesprochen, aber auch unabhängige Journalisten und kritische Zeitungen offizieller Organisationen sind mit dem von ihm vertretenen Konzept von Öffentlichkeit nur schwer zu vereinbaren" (WILL 2008, S. 11).

Diese feindselige Haltung gegenüber unabhängigen Journalisten zeigt sich auch am Beispiel der Internetzensur. In Vietnam wird das Internet zensiert. „Vietnam focuses particular effort on blocking access to sites related to topics that challenge the state's political orthodoxy, such as those treating political dissidents, political democracy, or the proposed Vietnam Human Rights Act in the United States Congress. Sites on topics related to domestic religious faiths, such as Buddhism and Caodai, are also subject to blocking, though less extensively" (OPENNET INITIATIVE o.J.). Die Internetkontrolle findet nicht nur mit technischen Mitteln statt, sondern ist auch weiter gesetzlich geregelt. Der Empfang und die Verbreitung von Mails mit regierungskritischen Inhalten ist verboten. Internetseiten mit „reaktionärem" Inhalt werden geblockt. Betreiber von inländischen Internetseiten müssen ihre Inhalte zur Genehmigung vorlegen. Internetcafés sind per Gesetz dazu verpflichtet die Personalien der Nutzer und deren besuchte Internetseiten aufzunehmen. (vgl. FREEDOM HOUSE 2009). Auch gegen kritische Blogger geht der Staat vor. 2009 wurden bereits mindestens fünf Blogger verhaftet (vgl. INTERNATIONALE GESELLSCHAFT FÜR MENSCHENRECHTE 2009).

2.5 Parteien

Parteien zählen in westlichen Demokratien zu den fundamentalen Institutionen eines funktionierenden Staates. Das politische System in Vietnam dagegen ist von einer einzigen Partei geprägt, der KPV. Die KPV gehört per Definition nicht zu den staatlichen Gewalten, übt aber auf alle dieser drei rechtsstaatlichen Institutionen sehr großen Einfluss aus.
Trotz der Absage an ein pluralistisches Parteiensystem und der Verfolgung von Dissidenten gibt es eine Opposition. Es scheint aber keine gut organisierte und vernetzte Opposition mit dem Ziel eines Systemwechsels zu geben. Obwohl die Pressefreiheit eingeschränkt ist, gibt es immer wieder Berichte über Verhaftungen Oppositioneller.

2.5.1 Die Kommunistische Partei Vietnams (KPV)

Die Kommunistische Partei Vietnams (KPV) ist die herrschende und einzige zugelassene Partei in Vietnam. Damit ist Vietnam ein Einparteienstaat. Dies wird auch in *Article 4* der vietnamesischen Verfassung von 1992 geregelt:
„The Communist Party of Vietnam, the vanguard of the Vietnamese working class, the faithful representative of the rights and interests of the working class, the toiling people, and the whole nation, acting upon the Marxist-Leninist doctrine and Ho Chi Minh's thought, is the force leading the State and society. All Party organisations operate within

the framework of the Constitution and the law" (UNIVERSITÄT BERN 2005). Auch in der Ende 2001 modifizierten Version der Verfassung wurde diese Vorherrschaft der KPV nicht angetastet. Es gibt daher in Vietnam keinen offiziellen ideologischen Pluralismus, keine formelle Opposition und keine Parteien außerhalb der KPV (vgl. FREHNER 2004, S. 2).

Die KPV zählt 2,8 Millionen Mitglieder (vgl. AUSWÄRTIGES AMT 2009a). Die Partei ist offiziell marxistisch-leninistisch ausgerichtet. Genauso wie Marxismus-Leninismus offizielle Staatsdoktrin ist. Dies wird nicht nur in *Article 4* der Verfassung, sondern auch in der Präambel betont (vgl. UNIVERSITÄT BERN 2005).

Das Zentralkomitee (ZK) umfasst 160 Mitglieder. Das Politbüro, das entscheidende Organ des ZK, setzt sich aus 14 Mitgliedern zusammen (vgl. BUNDESZENTRALE FÜR POLITISCHE BILDUNG 2008a). Der Generalsekretär der KPV ist der oberste Inhaber der Macht (vgl. WILL 2008, S. 6). Seit 2001 ist Nong Duc Manh Generalsekretär der KPV (vgl. FREEDOM HOUSE 2009). Unbestätigten Gerüchten zufolge ist er der uneheliche Sohn des legendären Revolutionskämpfers und Staatsgründers Ho Chi Minh (vgl. DIXON 2004, S. 37). Er selbst hat diese Gerüchte weder bestätigt noch dementiert.

Alle fünf Jahre finden Parteitage statt. Auf diesen wird die bisherige Politik evaluiert und die langfristigen politischen Perspektiven des Landes mit dem nächsten Fünf-Jahres-Plan beschlossen, auch der Generalsekretär wird dann gewählt. Die Partizipation an der politischen Willensbildung ist allerdings fast ausschließlich auf Parteifunktionäre in Leitungspositionen beschränkt (vgl. FREHNER 2004, S. 3).

„Die Armee (...) untersteht der Partei und ist in deren Führungsgremien gewichtig vertreten" (AUSWÄRTIGES AMT 2009c). Damit untersteht ein gewaltiger Machtfaktor der Partei und nicht der Regierung. Dies hat zwar historische Gründe, da die Armee aus den Befreiungstruppen des Kolonialkrieges hervorging, ist jedoch sehr kritisch. In dem oberen Führungszirkel der fünf stellvertretenden Ministerpräsidenten sind allerdings im Gegensatz zu früheren Regierungen keine Vertreter des Militärs vorhanden (vgl. WILL 2008, S. 7).

Politik und die Regierung sind in der Hand der KPV. Das Zentralkomitee ist das oberste Entscheidungsgremium des Landes (FREEDOM HOUSE 2009). Regierung, Verwaltung und Militär sind der KPV untergeordnet. Sie ist die wichtigste politische Institution in Vietnam.

Die Partei hat großen Rückhalt im Volk. Schließlich war sie es, die das Land von der Kolonialmacht Frankreich befreite und Südvietnam von den USA und deren in Südvietnam eingesetzter Marionettenregierung.

2.5.2 Opposition

Das Einparteiensystem Vietnams mit der allmächtigen KPV gibt es erst seit 1988. Bis dahin gab es in Vietnam formal ein Mehrparteiensystem. Dabei hatten aber weder die Sozialistische Partei Vietnams (SPV) noch die Demokratische Partei Vietnams (DPV) nennenswerten politischen Einfluss und lösten sich nach offiziellen Meldungen 1988 selber auf (vgl. FREHNER; WINKLBAUER 2003). Zumindest die DPV wurde im Juni 2006 durch den 2008 verstorbenen Hoang Minh Chinh wieder reaktiviert (vgl. AD-HOC-NEWS.DE 2008).[4] Eine Wiedereinführung des Mehrparteiensystems wird bis heute strikt abgelehnt. Oppositionelle Parteien oder Gruppierungen sind verboten und werden verfolgt (vgl. FREHNER; WINKLBAUER 2003). Es gehört zum politischen Alltag, dass Gegner des System verhaftet und zu hohen Haftstrafen verurteilt werden. Schlimmer wurde es nach dem für Vietnam wirtschaftlich bedeutsamen Beitritt zur Welthandelsorganisation WTO 2007. Berichten verschiedener Menschenrechtsgruppen zufolge, setzte nach dem WTO-Beitritt die schlimmste Repressionswelle seit 20 Jahren ein (vgl. BUNDESZENTRALE FÜR POLITISCHE BILDUNG 2008b). 2007 wurden ungefähr 40 Dissidenten verhaftet, davon wurden mehr als 20 zu langen Haftstrafen verurteilt (vgl. FREEDOM HOUSE 2009).

Dies wird auch an vielen Verhaftungen in den letzten Monaten deutlich. Bereits im Juni und Juli 2009 wurden drei DPV Mitglieder verhaftet (vgl. REUTERS 2009). Diese engagierten sich für die Stärkung der Demokratie und für die Menschenrechte in Vietnam. Am 19. August 2009 wurden vier verhaftete Mitglieder der DPV im vietnamesischen Fernsehen gezeigt (vgl. WWW.STREETINSIDER.COM 2009).

Zu den politisch unterdrückten Gruppen gehören neben der DPV noch Block 8406, People's Democratic Party Vietnam (PDP-VN) und Alliance for Democracy (vgl. CENTRAL INTELLIGENCE AGENCY 2009b).

Bei der Betrachtung der Opposition muss allerdings bedacht werden, dass nicht abgeschätzt werden kann, wie groß diese ist und welche Stärke sie besitzt. Die Kombination aus Zensur, Angst vor Repressionen und einer lange Tradition der Geheimhaltung macht nach PIKE eine aussagekräftige Einschätzung unmöglich (zitiert nach DIXON 2004, S. 24).

---

4   Die offizielle Website der Partei (http://ddcvn.org/) ist zur Zeit aber nicht mehr erreichbar. Lediglich eine von der Suchmaschine Google gespeicherte Version (http://209.85.135.132/search? q=cache:5KdWnelFAVcJ:ddcvn.org/english/index.php) ließ rückschließen, dass sie bis 25. Juni 2009 erreichbar war. Es gibt keinen offiziellen Grund für die Nichterreichbarkeit. Der Schluss, es könnte sich hierbei um Repressionen handeln, drängt sich aber auf. Seit mindestens 12.11.2009 ist auch die gespeicherte Seite aus dem Google Cache nicht mehr verfügbar.

4 Doi Moi Reformpolitik

Schon zu Beginn der 1980er Jahre gab es Reformvorschläge und viele Fehlstarts. Erst 1986 wurde unter dem Namen *Doi Moi* auf dem sechsten Parteitag der KPV ein Reformprozess eingeleitet, um die wirtschaftliche Lage im Land zu verbessern.

In den 1980er Jahren litt Vietnam nicht nur unter den zerstörerischen Folgen der Kriege gegen Frankreich, USA, Kambodscha und China, sondern damit auch verbundener wirtschaftlicher Schwäche. Die Inflation betrug zeitweise 774 Prozent. Das Land war eines der ärmsten Länder der Erde (vgl. UNIVERSITÄT BERN o.J.). Es kam zu einer Änderung der Wirtschaftspolitik auf Grund mehrerer Faktoren. Dazu zählten die wachsenden wirtschaftlichen Probleme und der Reformprozess in der Sowjetunion, dem wichtigsten Verbündeten Vietnams. Michail Gorbatschow, der Generalsekretär des Zentralkomitees der Kommunistischen Partei der Sowjetunion, leitete dort den Modernisierungsprozess *Perestroika* ein (vgl. VORLAUFER 2009, S. 9 und QUINN-JUDGE 2004, S. 36). Das Land wurde unter der Reformpolitik von *Doi Moi* für ausländische Investoren geöffnet, die Wirtschaft privatisiert, der Tourismus zugelassen (vgl. VORLAUFER 2009, S. 9). Es wurde auf marktwirtschaftliche Prinzipien statt Planwirtschaft gesetzt. DIXON geht dennoch davon aus, dass die Reformen nicht auf Grund von Staatsversagen und Verlust politischer Legitimität eingeleitet wurden, sondern von einem System formuliert und realisiert wurden, dass erfolgreich arbeitete (vgl. DIXON 2004, S. 18). Der Reformprozess fand *Top-Down* statt.

Dieser sollte den Wandel von der Plan- zur Marktwirtschaft möglich machen. Dazu wurde das Verbot des Privatbesitzes an Produktionsmitteln aufgehoben (vgl. GAMINO 2008, S. 4). Seitdem haben sich Familienbetriebe und kleinindustrielle Unternehmen zu den tragenden Säulen der Wirtschaft entwickelt (vgl. GAMINO 2008, S. 4). Kollektivierte Agrarflächen wurden über langfristige Verträge an Familien neu verteilt. Einzelpersonen wurden ermutigt, in private Unternehmen zu investieren. Der Staat gab dabei das Versprechen, dass der Gewinn bei den Investoren blieb. Die Währung wurde abgewertet. Subventionierte Güterpreise wurden abgeschafft und die Preisbildung dem Markt überlassen. Die Subvention staatlicher Unternehmen wurde gesenkt (vgl. ERLANGER 1989).

Die Reformen fanden allerdings weitestgehend im wirtschaftlichen Bereich statt. Die Politik sollte weiterhin von der KPV bestimmt werden. Die Partei bekam aber den Auftrag, die Demokratisierung im Land voranzutreiben (vgl. FREHNER; WINKLBAUER 2003). Dies geschah auch in der modifizierten Verfassung von 2001, die 2002 in Kraft trat. In dieser wird die Partei beauftragt, bis 2020 einen sozialistischen Rechtsstaat aufzubauen (vgl. Kapitel 2.3). Dennoch gibt es aktuell immer noch keine Meinungsfreiheit und Dissidenten werden verhaftet.

GAMINO bezeichnet diesen ideologischen Spagat zwischen Kapitalismus und Kommunismus auch als „sozialistisch-kapitalistischen Zwitterstaat" (vgl. GAMINO 2008, S. 4). Die kommunistische Partei ist immer noch unantastbar. Mit der Senkung der Armutsrate von 60 (1990) auf 20 Prozent (2006) wurde durch den Reformprozess *Doi Moi* eine wirtschaftlich zufriedene Mittel- und Oberschicht geschaffen. Es herrscht die Hoffnung vor, dass am wirtschaftlichen Aufschwung partizipierende Menschen, das System nicht in Frage stellen. Wird dies dennoch getan, etwa durch kritische Journalisten oder Blogger, landen diese in Gefängnissen. Ethnische und religiöse Minderheiten werden trotz vieler Reformen weiterhin, und zum Teil auch gewaltsam, unterdrückt (vgl. GAMINO 2008, S. 6).

Die neue Verfassung von 1992 vergrößerte die Befugnis der Entscheidungsgebung der Nationalversammlung, z.B. durch eine höhere Anzahl an Kandidaten, offenere Debatten und längere Sitzungen (vgl. DIXON 2004, S. 21). Bei den Wahlen zur Nationalversammlung von 1992 gab es eine größere Auswahl an Kandidaten. Das Resultat war eine verjüngte Zusammensetzung der Nationalversammlung. 74 Prozent der Abgeordneten saßen zum ersten Mal im Parlament. Diese waren jünger und besser gebildet als ihre Vorgänger (vgl. DIXON 2004, S. 21). Außerdem wurde die Stellung der Nationalversammlung deutlich gestärkt. Vor 1986 wurde Vietnam hauptsächlich mit Dekreten der KPV regiert, nun sind es die von der Nationalversammlung erlassenen Gesetze (vgl. FREHNER 2007, S. 7).

Mit der *Doi Moi* Periode wuchs die Beteiligung an Umweltschutzorganisationen und Protesten. Diese Proteste führten in einigen Fällen in Verbindung mit Protesten gegen Korruption zu Änderungen in der Politik (vgl. DIXON 2004, S. 22). Die Regierung arbeitet aktuell einen rechtlichen Rahmen aus, um zivilgesellschaftliche Aktivitäten wie auch NGOs zu ermöglichen (vgl. FREHNER 2009, S. 4). In den frühen 1990ern wurde eine große Anzahl an außerstaatlichen Aktivitäten, öffentlichen Kommentaren und auch Kritik am Einparteienstaat akzeptiert oder toleriert, so lange nicht die Führungsposition der KPV hinterfragt wurde (vgl. DIXON 2004, S. 23). Eine Kombination aus ökonomischen Reformen, politischen Reformen und damit zusammenhängenden Änderungen hat den vietnamesischen Staat und das Zusammenspiel mit der Gesellschaft verändert (vgl. DIXON 2004, S. 25). Jedoch sind viele Freiheiten eingeschränkt und auch nicht mit westlichen Demokratien vergleichbar. Dennoch herrscht ein unausgesprochener Kompromiss zwischen Staat und Gesellschaft: solange die Bevölkerung an wirtschaftlichem Wachstum durch einen hohen Grad an sozialer Gleichheit partizipiert und die Regierungsführung vernünftig ist, wird diese die politische Führung durch die KPV weiterhin akzeptieren (vgl. DIXON 2004, S. 21).

Vielfach werden die politischen Reformen zwar wahrgenommen, aber nicht sonderlich gewürdigt, wie auch dieser Satz zeigt: „However, political reform has not followed partial economic liberalization; criticism of the government is harshly suppressed, and official corruption is widespread" (FREEDOM HOUSE 2009). Die substantiellen politischen Reformen Vietnams seit 1986 werden, verglichen mit den wirtschaftlichen Reformen, von außen weniger gewürdigt, erwähnt oder nur als natürliche Folge des ökonomischen Wandels angesehen (vgl. DIXON 2004, S. 24).

Auf der kommunalen Ebene gibt es seit dem Dekret 29 aus dem Jahr 1998 die Politik der *grassroots democracy* (vgl. ZINGERLI 2004, S. 54). Demokratie wird in Vietnam offiziell nur im Sinne der Demokratie des Marxismus-Leninismus verstanden, nämlich als Diktatur des Proletariats (vgl. ZINGERLI 2004, S. 55). Diese Auffassung hat sich aber im Laufe der Zeit geändert. Das *Grassroots Democracy Decree* schreibt detailliert vor, wie die Ausübung der Demokratie auf lokaler Ebene erfolgen soll und kann (FREHNER 2009, S. 1). Vier Ebenen der Partizipation werden in Dekret 29 spezifiziert: der Zugriff auf Informationen, Beratung, Beteiligung an Entscheidungen und Überwachung und Aufsicht (vgl. ZINGERLI 2004, S. 54). Damit soll eine Bürgerbeteiligung bei wichtigen Fragen erreicht werden und eine Kontrolle der Kommunalbehörde ermöglicht werden (vgl. FREHNER 2009, S. 1).

Die Reformpolitik wird stetig fortgesetzt. Auf dem 10. Parteitag der KPV im Jahr 2006 wurde über die Monopolstellung der KPV diskutiert und ihre negativen Auswirkungen auf das Wirtschaftswachstum. Als Ergebnis wurde festgehalten, dass die Führungsrolle diskutiert und verändert werden soll. Die Einflussnahme auf die Exekutive soll reduziert werden (vgl. FREHNER 2006, S. 6).

5 Menschenrechte

Einschränkungen in der Presse- und Meinungsfreiheit wurden bereits in Kapitel 2.4 erläutert. In der Verfassung werden die Menschen- und Bürgerrechte nachrangig in Kapitel 5 nach der Definition der politischen Führung, des wirtschaftlichen Systems, Kultur und Verteidigung festgelegt (vgl. UNIVERSITÄT BERN 2005). Gleichzeitig sind diese Rechte auch an Pflichten gekoppelt.

In der Religionsfreiheit gab es in den letzten Jahren Fortschritte. Dennoch werden religiöse und ethnische Minderheiten diskriminiert (vgl. AMNESTY INTERNATIONAL DEUTSCHLAND 2009). Die Religionsfreiheit ist zwar immer noch eingeschränkt, aber durch internationalen Druck und eine stärkere Integration in die Weltwirtschaft kam es zu Verbesserungen. So wurde der katholischen Kirche erlaubt ihre neuen Bischöfe und Priester selber auszuwählen, auch wenn diese noch von der KPV bestätigt werden müssen (vgl. FREEDOM HOUSE 2009). Dennoch gibt es immer wieder Fälle in denen die Religionsfreiheit durch staatliche Maßnahmen eingeschränkt wird.[5]

Auch die akademische Freiheit ist eingeschränkt. Professoren müssen es unterlassen, die Regierungspolitik zu kritisieren und an den Ansichten der Partei festhalten, wenn sie lehren oder zu politischen Themen schreiben. Der Staat scheint besonders rau gegen prominente prodemokratische Aktivisten vorzugehen. Privatpersonen können normalerweise in privaten Diskussionen frei sprechen, ohne Konsequenzen fürchten zu müssen (vgl. FREEDOM HOUSE 2009).

Ethnische und religiöse Minderheiten stehen Diskriminierung in der Mainstream Gesellschaft gegenüber. Manche lokale Beamte schränken den Zugang zu Bildung und Arbeit ein. Minderheiten haben generell wenig Einfluss auf Entwicklungsprojekte, die sich auf ihre Lebensgrundlagen und Gemeinden auswirken. Menschenrechtsorganisationen beschuldigen die Regierung seit 2001 mehr als 350 Bergbewohner verhaftet zu haben und vielen hohe Haftstrafen aufgerlegt zu haben, weil sie gegen die Beschlagnahmung von Land und für mehr Religionsfreiheit protestierten (vgl. FREEDOM HOUSE 2009).

2008 wurden mindestens 11 Bürger zu Gefängnisstrafen verurteilt, weil sie sich friedlich für Demokratie und Menschenrechte einsetzten (vgl. AMNESTY INTERNATIONAL DEUTSCHLAND 2009). Selbst vor körperlicher Gewaltanwendung schreckt die Regierung nicht zurück. Im Juni und Juli 2008 wurden mindestens sieben Menschen- und Bügerrechtler Opfer von brutalen Schlägertrupps (vgl. INTERNATIONALE GESELLSCHAFT FÜR MENSCHENRECHTE 2008)

6 Außenpolitik

Die tiefe sozio-ökonomische Krise Vietnams Mitte der 1980er wurde von der politischen Elite auch mit der internationalen Isolation nach dem Einmarsch vietnamesischer Truppen 1979 in Kambodscha und der anschließenden Besetzung des Landes in Verbindung gebracht (vgl. DOSCH; TA MINH TUAN 2004, S. 197). *Doi Moi* konnte nur ein Erfolg werden, wenn gleichzeitig auch das Land aus der internationalen Isolation herauskommen würde. Daher waren die wichtigsten außenpolitischen Ziele nach 1986 die diplomatische Isolation und Handelsembargos aufzuheben, um so eine friedfertige und stabile internationale

---

5 Aktuelles Beispiel aus dem Juli 2009: SR Vietnam - Gewalt und Psychoterror gegen buddhistische Klostergemeinschaft. Unter: http://www.openpr.de/news/324475/SR-Vietnam-Gewalt-und-Psychoterror-gegen-buddhistische-Klostergemeinschaft.html, eingesehen am 24.12.2009

Umgebung zu schaffen, ausländische Investition im Land anzukurbeln und schließlich Vietnam in regionale und überregionale Organisationen zu integrieren (vgl. DOSCH; TA MINH TUAN 2004, S. 197). Nur Kooperation konnte das Land international in Frieden und Stabilität bringen (vgl. DOSCH; TA MINH TUAN 2004, S. 199). Mit dem Zusammenbruch der Sowjetunion verlor Vietnam zusätzlich den wichtigsten ideologischen Verbündeten und Handelspartner (vgl. AMNESTY INTERNATIONAL o.J.). Das Land begann sich rapide außenpolitisch zu öffnen. 1989 hatte Vietnam diplomatische Beziehungen zu 23 nichtkommunistischen Staaten, 2000 waren es schon 167 diplomatische Beziehungen, inklusive aller großen Mächte und internationalen Organisationen (vgl. DOSCH; TA MINH TUAN 2004, S. 197).

Schon 1989 schrieb Vietnam die Präambel der Verfassung neu und strich alle Anklagen der Aggression und des Imperialismus gegen die USA, China, Frankreich und Japan (vgl. THE NEW YORK TIMES 1989). Daraufhin reiste 1993 als erster westlicher Staatschef seit 1975 der französische Präsident Francois Mitterand nach Vietnam (vgl. THE NEW YORK TIMES 1993). Mit der gegenseitigen Eröffnung der Botschaften in Washington und Hanoi im Juli 1995 normalisierten sich die diplomatischen Beziehungen zwischen Vietnam und den USA langsam wieder (vgl. MAXNER 2008, S. 30). Vorausgegangen war die Aufhebung des seit dem Ende des Vietnamkrieges 1975 bestehenden Handelsembargo 1994 durch US-Präsident Bill Clinton (vgl. CLAES et al. 1995).

Die politischen Beziehungen zu den Staaten in Südost- und Ostasien wurden verbessert. Auch wurden die Wirtschaftsbeziehungen ausgebaut. 1995 trat Vietnam der „Association of Southeast Asian Nations" (ASEAN) bei. Dort spielt Vietnam eine zunehmend aktive Rolle. 2010 wird es den Vorsitz der ASEAN übernehmen. Bis 2020 soll die ASEAN ähnlich der Europäischen Union zu einer voll integrierten Wirtschaftsgemeinschaft ausgebaut werden (vgl. VORLAUFER 2009, S. 11).

Japan ist größter Geber von Entwicklungshilfe und hat damit eine große Bedeutung in den außenpolitischen Beziehungen. Aber auch China, USA und Südkorea sind wichtige Handels- und Investitionspartner (vgl. AUSWÄRTIGES AMT 2009b).

Die Beziehungen zu China waren durch einen Krieg um den Grenzverlauf im Norden des Landes geprägt. Diese Beziehungen entspannten sich mit der Wiederaufnahme diplomatischer Beziehungen 1991 (vgl. DOSCH; TA MINH TUAN 2004, S. 197). Heute ist China größter Handelspartner Vietnams. Ende 1999 wurden per Abkommen die Landgrenzen und 2000 die Seegrenzen im Golf von Tonkin geregelt. Zwischen China und Vietnam besteht aber noch ein ungelöster Konflikt um zwei Inselgruppen im Südchinesischen Meer (vgl. AUSWÄRTIGES AMT 2009b; siehe Abbildung 2).

Abb. 2: Südostasien – politisch. Eigene Darstellung. Daten: ESRI

Die Spratly- und Paracel-Inseln werden von beiden Staaten beansprucht. Beide Insel-gruppen liegen geostrategisch günstig, da sie sowohl den Zugriff auf vermutete Rohstoff-vorkommen im Südchinesischen Meer ermöglichen, als auch an einem der wichtigsten Schifffahrtswege der Erde zwischen Südostasien und Japan liegen (vgl. GRESH et al. 2008, S. 187). Im Meeresgebiet der Spratly-Inseln werden reiche Erdöl-, Erdgas- und Minerali-envorkommen vermutet. Eine chinesische Schätzung von 1989 geht davon aus, dass der Meeresboden mehr Erdöl enthalten soll, als Kuwait mit den weltweit viertgrößten be-kannten Erdölreserven (vgl. SCHWENNESEN 1996, S. 18). Bisher liegen allerdings keine wei-teren zuverlässigen Schätzungen vor (vgl. CENTRAL INTELLIGENCE AGENCY 2009a). Neben Erdöl werden auch Manganknollen im Südchinesischen Meer vermutet (vgl. SCHWENNESEN 1996, S. 18). Auch Malaysia, Taiwan, die Philippinen und Brunei melden Ansprüche auf die Spratly-Inseln an (vgl. CENTRAL INTELLIGENCE AGENCY 2009a)[6]. Die Paracel-Inseln sind seit 1974 von China militärisch besetzt (vgl. VORLAUFER 2009, S. 171)[7]. So kann China seine Stellung als Regionalmacht im südostasiatischen Raum festigen. Chinesische Mili-tärs bezeichnen die Inseln als „unsinkbare Flugzeugträger" (zitiert nach SCHWENNESEN 1996, S. 24). Wären die Spratly-Inseln im chinesischen Besitz, würde ein zweiter „Flug-zeugträger" im Süden dazu kommen und die militärische Vormachtstellung Chinas weiter ausbauen. China und Vietnam haben sich darauf verständigt, den Konflikt um beide In-seln mit friedlichen Mitteln zu lösen (vgl. AUSWÄRTIGES AMT 2009b). Derweil wurden aber schon Fakten durch Besiedelung oder den Aufbau von kleinen Militärstützpunkten auf den Spratly-Inseln geschaffen (vgl. SPIEGEL ONLINE 1999)[8]. Einige der Spratly-Inseln sind von Vietnam, den Philippinen, Malaysia, Taiwan und China besetzt (vgl. CENTRAL INTELLIGENCE AGENCY 2009a). 2005 unterzeichneten die staatlichen Ölfirmen Chinas, der Philippinen und Vietnams ein Abkommen, um den Meeresboden zu untersuchen (vgl. CENTRAL INTELLIGENCE AGENCY 2009b).

Von nicht ganz so weitläufiger internationaler Bedeutung ist die noch ungeregelte See-grenze zu Kambodscha (vgl. CENTRAL INTELLIGENCE AGENCY 2009b). Andere Grenzkonflik-te wurden in friedlichen Verhandlungen gelöst, z.B. umstrittene Meeresgebiete mit den Philippinen oder 1997 mit Thailand die Grenze im Golf von Thailand (vgl. DOSCH; TA MINH TUAN 2004, S. 199).

Die dramatischste Änderung in Vietnams Außenpolitik war aber die Marginalisierung von

---

6 China, Taiwan und Vietnam beanspruchen die Spratly-Inseln komplett, während die Philippinen, Malay-sia und Brunei nur Teile davon als ihren Staatsbesitz deklarieren (vgl. SCHWENNESEN 1996, S. 13).

7 Bis 1974 wurden die Paracel-Inseln von Südvietnam gehalten (vgl. SCHWENNESEN 1996, S. 45).

8 Im Rahmen dieser Besetzungen kam es auch zu kleineren Zusammenstößen zwischen China, den Philip-pinen, Vietnam und Taiwan (vgl. SCHWENNESEN 1996, S. 46 – 48). Zu den Zwischenfällen zählen Verfol-gung und Abdrängen von Fischerbooten oder auch der direkte Beschuss von Versorgungsschiffen (vgl. SCHWENNESEN 1996, S. 47 – 48 und S. 107).

Ideologie (vgl. Dosch; Ta Minh Tuan 2004, S. 199). Der Kampf zwischen Kapitalismus und Kommunismus steht seitdem nicht mehr im Mittelpunkt der internationalen Beziehungen Vietnams. Nun können Beziehungen zu nicht-kommunistischen Staaten eingegangen werden, was vorher nicht der Fall war.

2007 trat Vietnam der WTO bei. 2008/2009 ist Vietnam nicht-ständiges Mitglied im UN-Sicherheitsrat. Über ein Partnerschafts- und Kooperationsabkommen mit der Europäischen Union wird verhandelt (vgl. Auswärtiges Amt 2009b).

Vietnam ist Mitglied in einer großen Zahl von internationalen Organisationen: Vereinte Nationen (UN), ASEAN, ASEAN Regional Forum (ARF), Weltbank, Internationaler Währungsfond (IWF), Asiatische Entwicklungsbank (ADB), Asiatisch-Pazifische Wirtschaftskooperation (APEC) und Welthandelsorganisation (WTO) (seit Januar 2007) (vgl. Auswärtiges Amt 2009a).

7 Zusammenfassung

Das politische Systems Vietnams ließe sich leicht als Diktatur der Partei bezeichnen. Es drängt sich das Bild eines totalitären Staates mit von der Staatsmacht eingeschüchterten Bürgern auf. Doch der durchschnittliche Vietnamese bemerkt nicht, dass ihm Menschenrechte vorenthalten werden. So lange er die Grenzen des Systems beachtet und respektiert und es nicht in Frage stellt, wird er mit dem Staat nicht in Konflikt kommen.

Vietnams aktuelles politisches System basiert vor allem auf den 1986 eingeleiteten Reformen. Besonders positiv wirkten sich diese auf die Bereiche Wirtschaft und Außenbeziehungen aus. Das politische System wurde zwar modifiziert und bietet auch basisdemokratische Partizipationsmöglichkeiten auf lokaler Ebene, doch herrscht ein hoher Grad an Unfreiheit gerade im Bereich der Menschenrechte. Je nachdem aus welchem Blickwinkel das heutige Vietnam betrachtet wird, erscheint es als Diktatur der Partei oder als ein Staat in politischer Transformation, der auf einem guten Weg ist. Das Land ist schon viele Schritte gegangen und öffnet sich wirtschaftlich schnell, politisch aber eher langsam.

Der durchschnittliche Vietnamese, besonders, wenn er in einer großen Stadt lebt, ist frei von staatlicher Einmischung in sein tägliches Leben. Er kann seine Arbeit und seinen Wohnort frei wählen. Auch kann er an wirtschaftlichen und religiösen Aktivitäten teilnehmen. Einschränkungen machen sich erst bemerkbar, wenn er versucht den erlaubten Rahmen zu übertreten. Dieser gesetzliche Rahmen ist aber sehr eng, in ihm finden die Menschenrechte nur bedingt Platz.

Trotz den Reformen von *Doi Moi* und den Annäherungen des Landes an den Westen, als auch in der Region Südost- und Ostasien ist die Situation für Oppositionelle in Vietnam sehr kritisch. Das Land steckt auf dem Weg von der sozialistischen Planwirtschaft zur Marktwirtschaft und einem rechtsstaatlichen System irgendwo zwischen Erneuerung und Repressionen. Die Menschenrechte werden, wenn sie von Systemkritikern wahrgenommen werden, mit Füßen getreten. Dies zeigen sowohl die aktuellen Verhaftungen von Dissidenten als auch die Reporte von mehreren NGOs. Wer seine Meinung frei äußert, läuft Gefahr, vom Staat verfolgt zu werden. Dennoch gibt es immer wieder Personen, die kritisch Stellung beziehen. Die Bestrebungen der Personen trotz Repressionen weiter für Menschenrechte zu kämpfen, deuten darauf hin, dass sich der Konflikt nicht abschwächen wird.

Der Glaube, dass mit der Partizipation am wirtschaftlichen Wachstum und dem Aufstieg in Mittel- oder Oberschicht Kritiker besänftigt werden könnten, bewahrheitet sich nicht. Probleme könnte das politische System bekommen, wenn das Wirtschaftswachstum im Zuge der Weltwirtschaftskrise zusammenbricht oder die Inflation zu sehr steigt, wie 2008 bereits geschehen (vgl. BOLZE 2008). Mit den modernen Kommunikationsmedien Internet und Mobiltelefon ist es einfacher denn je Kritik zu äußern und zu verbreiten. Daher wird das Internet in Vietnam auch zensiert.

Wie lange die KPV diese Politik ohne große politische Reformen aufrecht erhalten kann, ist offen. Vielleicht wird sie auch weitere wirtschaftliche Reformen auf den Weg bringen, in der alten Hoffnung, die Partizipation am Wohlstand würde die Menschen besänftigen.

Außenpolitisch hat das Land in den letzten Jahren viel erreicht. Es hat den Weg aus der internationalen Isolation nach dem Vietnamkrieg in den 1990er Jahren vollzogen und sich in vielen Bündnissen und Organisationen integriert. Dabei spielt vor allem das Regionalbündnis ASEAN eine immer wichtigere Rolle. Allerdings gibt es immer noch ungeklärte Konflikte. Der Streit mit China um die Spratly- und Paracel-Inseln, ist eine tickende Bombe, auch wenn sich in absehbarer Zeit kein militärischer Konflikt um diese Gebiete abzeichnet. Es liegt jedoch eine Menge diplomatischen Sprengstoffs mit weitreichenden internationalen Folgen in dem Konflikt. Werden im Meer um die Inseln herum wirklich große Erdölvorkommen entdeckt, wird sich die Lage vermutlich weiter verschärfen. Ein Krieg zwischen den beteiligten Staaten hätte nicht nur regionale Bedeutung, sondern würde auch international für Erschütterungen sorgen.

Vor Ort hat man nicht das Gefühl in einem unfreien Land zu sein. Die Polizei und das Militär sind eher selten zu sehen. In Gesprächen sagten Studierende der Universität Hanoi, dass die Internetzensur bekannt sei, aber auch einfach durch die Benutzung anderer Server zu umgehen sei. Weitere Gespräche vor Ort brachten hervor, dass die Verhältnisse in den Gefängnissen sehr schlecht sind. Gefangene, die dort mehrere Jahre Haft verbüßen müssen, würden die Inhaftierung meist nicht überleben. Es gäbe zu wenig Verpflegung.

Es gab viele kleine politische Reformen. Allerdings kann jeder Fortschritt auch durch andere Maßnahmen relativiert werden. Das Beispiel mit der Zulassung von unabhängigen Kandidaten zur Wahl der Nationalversammlung seit 1992 sei hier erwähnt. Dieser Schritt in Richtung Demokratie wird durch das Überprüfen der Kandidaten durch die KPV (Arbeitsfront) wieder zunichte gemacht.

Wohin der Weg in den nächsten Jahren geht, bleibt spannend. Das Land entwickelt sich wirtschaftlich und politisch sehr dynamisch. Sowohl der wirtschaftliche Wandel, als auch der politische Kurswechsel ist noch nicht vollständig vollzogen. Mit weiteren Reformen wie dem Aufbau eines rechtsstaatliches System bis 2020 soll es weitergehen. Ob das gleichzeitig die Zulassung von Opposition ohne deren staatliche Verfolgung bedeutet, ist ungewiss.

Abkürzungsverzeichnis

ADB	Asian Development Bank
APEC	Asia-Pacific Economic Cooperation
ARF	ASEAN Regional Forum
ASEAN	Association of South-East Asian Nations
CPV	Communist Party of Vietnam
DPV	Democratic Party of Vietnam
KPV	Kommunistische Partei Vietnams
IWF	Internationaler Währungsfonds
NGO	Non-Governmental Organization
PDP-VN	People's Democratic Party Vietnam
WTO	World Trade Organization
SPV	Sozialistische Partei Vietnams
UN	United Nations

Literaturverzeichnis

Dixon, Chris (2004): State, party and political change in Vietnam. In: McCargo, Duncan (Hrsg.) (2004): Rethinking Vietnam. S. 15 – 26. RoutledgeCurzon, London.

Dosch, Jörn; Ta Minh Tuan (2004): Recent changes in Vietnam's foreign policy. In: McCargo, Duncan (Hrsg.) (2004): Rethinking Vietnam. S. 197 – 213. Routledge-Curzon, London.

Gamino, Doris K. (2008): Doi Moi: Erneuerung auf Vietnamesisch. In: Aus Politik und Zeitgeschichte B27/2008. S. 3 – 6. Bundeszentrale für politische Bildung (Hrsg.), Bonn. Auch unter: http://www.bpb.de/files/P8B3CV.pdf, eingesehen am 24.08.2009

Gresh, Alain u.a.(Hrsg.) (2006): Atlas der Globalisierung. Le monde diplomatique/taz, Berlin.

Maxner, Stephen (2008): Die USA und Vietnam. In: Aus Politik und Zeitgeschichte B27/2008. S. 25 – 32. Bundeszentrale für politische Bildung (Hrsg.), Bonn. Auch unter: http://www.bpb.de/files/P8B3CV.pdf, eingesehen am 24.08.2009

Quinn-Judge, Sophie (2004): Rethinking the history of the Vietnamese Communist Party. In: McCargo, Duncan (Hrsg.) (2004): Rethinking Vietnam. S. 27 – 39. Routledge-Curzon, London.

Schwennesen, Olaf (1996): China sticht in See: Die Spratly-Inseln als Konfliktherd im Südchinesischen Meer. Europäischer Verlag der Wissenschaften, Frankfurt am Main. (=Kieler Schriften zur politischen Wissenschaft; Bd. 8)

Vorlaufer, Karl (2009): Südostasien. WBG (Wissenschaftliche Buchgesellschaft), Darm-stadt

Will, Gerhard (2008): Vietnam heute: Begrenzte Reformen, ausufernde Probleme. In: Aus Politik und Zeitgeschichte B27/2008. S. 6 – 14. Bundeszentrale für politische Bildung (Hrsg.), Bonn. Auch unter: http://www.bpb.de/files/P8B3CV.pdf, eingese-hen am 24.08.2009

Zingerli, Claudia (2004): Politics in mountain communes. In: McCargo, Duncan (Hrsg.) (2004): Rethinking Vietnam. S. 53 – 66. RoutledgeCurzon, London.

Quellenverzeichnis

AD-HOC-NEWS.DE Aktienkurse und Nachrichten (2008): Professor Hoang Minh Chinh, Se-
cretary-General of the Democratic Party of Vietnam (DPV) Dies. Erschienen:
08.02.2008. Unter: http://www.ad-hoc-
news.de/Aktie/12718330/News/15397664/GENERAL+DYNAMICS.html, eingesehen am 28.08.2009

AMNESTY INTERNATIONAL, Regionales Aktionsnetz für das südostasiatische Festland (SEAM-
RAN) (o.J.): Zusammenfassung Internetdissidenten Vietnam. Unter:
http://www.amnesty-seamran.de/vietnam/viet_info.htm, eingesehen am 29.0.8.2009

AMNESTY INTERNATIONAL DEUTSCHLAND (2009): Amnesty Report 2009 – Vietnam. Unter:
http://www.amnesty.de/jahresbericht/2009/vietnam, eingesehen am 28.08.2009

AUSWÄRTIGES AMT (2009a): Vietnam. Stand Mai 2009. Unter: http://www.auswaertiges-
amt.de/diplo/de/Laenderinformationen/01-Laender/Vietnam.html, eingesehen am
26.08.2009

- (2009b): Vietnam: Außenpolitik. Stand Mai 2009. Unter: http://www.auswaertiges-
amt.de/diplo/de/Laenderinformationen/Vietnam/Aussenpolitik.html, eingesehen am
28.08.2009

- (2009c): Vietnam: Innenpolitik. Stand Mai 2009. Unter: http://www.auswaertiges-
amt.de/diplo/de/Laenderinformationen/Vietnam/Innenpolitik.html, eingesehen am
28.08.2009

BOLZE, WALDEMAR (2008): Vietnam stürzt ab. Erschienen: 20.06.2008. Unter:
http://www.uni-kassel.de/fb5/frieden/regionen/Vietnam/absturz.html, eingesehen
am 30.08.2009

BUNDESZENTRALE FÜR POLITISCHE BILDUNG (2006a): Gewaltenteilung – Lexikon. SCHUBERT,
KLAUS; KLEIN, MARTINA: Das Politiklexikon. 4., aktualisierte Auflage. Dietz, Bonn.
Unter: http://www1.bpb.de/popup/popup_lemmata.html?guid=XC8R0U, eingese-
hen am 20.11.2009

- (2006b): Presse – Lexikon. SCHUBERT, KLAUS; KLEIN, MARTINA: Das Politiklexikon. 4., aktualisierte Auflage. Dietz, Bonn. Unter:
http://www1.bpb.de/popup/popup_lemmata.html?guid=GZGF68, eingesehen am
20.11.2009

- (2008a): Vietnam – Fischer Weltalmanach. Der Fischer Weltalmanach. Fischer Verlag
GmbH, Frankfurt am Main. Unter:
http://www.bpb.de/wissen/RXUMMY,0,0,Vietnam.html, eingesehen am 26.08.2009

- (2008b): Vietnam – Fischer Weltalmanach. Verfolgung von Dissidenten. Der Fischer Weltalmanach. Fischer Verlag GmbH, Frankfurt am Main. Unter: http://www.bpb.de/wissen/RXUMMY,5,0,Vietnam.html, eingesehen am 26.08.2009

CENTRAL INTELLIGENCE AGENCY (CIA) (2009a): CIA – The World Factbook – Spratly Islands. Stand 02.07.2009. Unter: https://www.cia.gov/library/publications/the-world-factbook/geos/pg.html, eingesehen am 30.08.2009

- (2009b): CIA – The World Factbook – Vietnam. Stand 13.08.2009. Unter: https://www.cia.gov/library/publications/the-world-factbook/geos/vm.html, eingesehen am 28.08.2009

CLAES, MECHTHILD u.a. (1995): VIETNAM/USA: Ärger vermeiden. Erschienen: 29.04.1995. In: FOCUS Online. Unter: http://www.focus.de/politik/ausland/vietnam-usa-aerger-vermeiden_aid_153315.html, eingesehen am 29.08.2009

DEUTSCHLANDRADIO (2009): Deutschlandradio Kultur – Lesart – Kommunismus von früh bis spät. Erschienen: 04.10.2009. Unter: http://www.dradio.de/dkultur/sendungen/lesart/1044825/, eingesehen am 29.10.2009

ERLANGER, STEVEN (1989): Vietnam, Drained by Dogmatism, Tries a 'Restructuring' of Its Own. Erschienen: 24.04.1989. In: The New York Times. Unter: http://www.nytimes.com/1989/04/24/world/vietnam-drained-by-dogmatism-tries-a-restructuring-of-its-own.html, eingesehen am 19.12.2009

FREEDOM HOUSE (2009): Freedom in the World - Vietnam (2009). Unter: http://www.freedomhouse.org/template.cfm?page=22&year=2009&country=7734, eingesehen am 12.11.2009

FREHNER, WILLIBOLD (2004): Die Kommunistische Partei Vietnams (KPV). Erschienen: 22.04.2004. Unter: http://www.kas.de/db_files/dokumente/7_dokument_dok_pdf_4532_1.pdf, eingesehen am 26.08.2009

- (2006): Der zehnte Parteitag der Kommunistischen Partei Vietnams (KPV). Erschienen: 12.05.2006. Unter: http://www.kas.de/wf/doc/kas_8425-544-1-30.pdf, eingesehen am 30.08.2009

- (2007): Die Nationalversammlung in Vietnam auf dem langen Weg zu einer demokratischen Institution. Erschienen: 18.04.2007. Unter: http://www.kas.de/wf/doc/kas_10678-544-1-30.pdf, eingesehen am 30.08.2009

- (2009): Dezentralisierung, Verwaltungsreform, Stärkung der kommunalen Selbstverwaltung in Vietnam. Erschienen: 07.01.2009. Unter:

http://www.kas.de/wf/doc/kas_15437-544-1-30.pdf, eingesehen am 24.12.2009

FREHNER, WILLIBOLD; WINKLBAUER, MILENA (2003): Vietnam auf dem Weg zu einem rechtsstaatlichen Aufbau. Erschienen: 30.12.2003. Unter:
http://www.kas.de/wf/de/33.3663/, eingesehen am 26.08.2009

GERMANY TRADE AND INVEST – Gesellschaft für Außenwirtschaft und Standortmarketing
mbH (2009): Recht kompakt – Vietnam. Erschienen: 18.02.2009. Unter:
http://www.gtai.de/DE/Content/__SharedDocs/Links-Einzeldokumente-
Datenbanken/fachdokument.html?fIdent=MKT200902178036, eingesehen am
20.11.2009

INTERNATIONALE GESELLSCHAFT FÜR MENSCHENRECHTE (IGFM) (2008): SR: Vietnam: Hinterhäl-
tige Übergriffe auf Dissidenten. Erschienen 10.07.2008. Unter:
http://www.openpr.de/news/225835/SR-Vietnam-Hinterhaeltige-Uebergriffe-auf-
Dissidenten.html, eingesehen am 30.08.2009

- (2009) SR Vietnam - Fünf Oppositionelle und Blogger in Haft. Erschienen: 25.06.2009.
Unter: http://www.openpr.de/news/320164/SR-Vietnam-Fuenf-Oppositionelle-und-
Blogger-in-Haft.html, eingesehen am 28.08.2009

MSN ENCARTA (o.J.): Vietnam. Unter:
http://de.encarta.msn.com/encyclopedia_761552648/Vietnam.html, eingesehen am
30.08.2009

OPENNET INITIATIVE (o.J.): Internet Filtering in Vietnam in 2005-2006: A Country Study.
Unter: http://opennet.net/studies/vietnam, eingesehen am 29.08.2009

REPORTER OHNE GRENZEN E.V. (2004): Welttourismustag: Traumziele für Touristen, Folter
für Journalisten. Erschienen 23.09.2004. Unter: http://www.presseportal.de/pdf.htx?
nr=599036, eingesehen am 30.08.2009

- (2005): Rangliste der Pressefreiheit 2005. Erschienen: 20.10.2005. Unter:
http://www.reporter-ohne-grenzen.de/ranglisten/rangliste-2005.html, eingesehen am
30.08.2009

- (2008): Rangliste der Pressefreiheit 2008. Erschienen: 22.10.2008. Unter:
http://www.reporter-ohne-grenzen.de/ranglisten/rangliste-2008.html, eingesehen am
30.08.2009

REPORTERS SANS FRONTIÈRES (2009): Vietnam. Unter: http://www.rsf.org/en-rapport85-
Vietnam.html, eingesehen am 29.08.2009

REUTERS (2009): The Vietnamese Government Unlawfully Imprisons Members of the Democratic Party of Vietnam (DPV). Erschienen: 8.07.2009. Unter:
http://www.reuters.com/article/pressRelease/idUS56374+08-Jul-
2009+BW20090708, eingesehen am 28.08.2009

SPIEGEL ONLINE (1999): Stichwort: Spratly-Inseln. Erschienen: 20.07.1999. Unter: http://www.spiegel.de/politik/ausland/0,1518,32189,00.html, eingesehen am 30.08.2009

STREETINSIDER.COM (2009): Congressman Joseph Cao Briefed on the Vietnamese Government's Unlawful Imprisonment of Four Members of the Democratic Party of Vietnam (DPV). Erschienen: 25.08.2009 Unter: http://www.streetinsider.com/Press+Releases/Congressman+Joseph+Cao+Briefed+on+the+Vietnamese+Government'%3Bs+Unlawful+Imprisonment+of+Four+Members+of+the+Democratic+Party+of+Vietnam+(DPV)/4901058.html, eingesehen am 28.08.2009

UNITED NATIONS DEVELOPMENT PROGRAMME (UNDP) (2003a): Country Evaluation: Assessment of Development Results – Vietnam. Volume I: Main Report. Unter: http://www.undp.org/eo/documents/ADR/ADR_Reports/ADR_Vietnam.pdf, eingesehen am 23.12.2009

- (2003b): Country Evaluation: Assessment of Development Results – Vietnam. Volume II: Background Report. Unter: http://www.undp.org/eo/documents/ADR/ADR_Reports/ADR-Vietnam-Vol2.PDF, eingesehen am 24.12.2009

UNIVERSITÄT BERN (2005): ICL – Vietnam – Constitution. Letzte Änderung: 28.07.2005. Unter: http://www.servat.unibe.ch/icl/vm00000_.html, eingesehen am 22.11.2009

- (o.J.): ICL - Vietnam Index. Unter: http://www.servat.unibe.ch/icl/vm__indx.html, eingesehen am 22.11.2009

THE NEW YORK TIMES (1989): Vietnam Constitution Drops Charges of U.S. Aggression. Erschienen: 28.02.1989. In: The New York Times. Unter: http://www.nytimes.com/1989/02/28/world/vietnam-constitution-drops-charges-of-us-aggression.html, eingesehen am 30.08.2009

- (1993): Mitterrand, in Vietnam, Links Aid to Democracy. Erschienen: 09.02.1993. In: The New York Times. Unter: http://www.nytimes.com/1993/02/10/world/mitterrand-in-vietnam-links-aid-to-democracy.html, eingesehen am 23.12.2009